林业草原科普读本

东北虎豹国家公园

东北虎豹国家公园管理局　编

中国林业出版社
China Forestry Publishing House

图书在版编目（CIP）数据

东北虎豹国家公园 / 东北虎豹国家公园管理局.
—北京：中国林业出版社，2023.5（2023.12重印）
ISBN 978-7-5219-2233-2

Ⅰ.①东…　Ⅱ.①东…　Ⅲ.①东北虎—国家公园—
概况—东北地区②豹—国家公园—概况—东北地区
Ⅳ.① S759.992 ② Q959.838

中国国家版本馆 CIP 数据核字（2023）第 114369 号

策划编辑：何　蕊
责任编辑：许　凯　何　蕊
执　　笔：刘冠群　刘　震
装帧设计：北京五色空间文化传播有限公司

出版发行　中国林业出版社
　　　　　（100009，北京市西城区刘海胡同7号，电话：010-8322312C
电子邮箱：cfphzbs@163.com
网　　址：www.forestry.gov.cn/lycb.html
印　　刷：河北京平诚乾印刷有限公司
版　　次：2023年5月第1版
印　　次：2023年12月第2次印刷
开　　本：787mm×1092mm　1/32
印　　张：3.75
字　　数：65千字
定　　价：35.00元

　　党的二十大对新时代新征程生态文明建设作出了重大决策部署，对建设人与自然和谐共生的现代化作出了重要战略安排："大自然是人类赖以生存发展的基本条件。尊重自然、顺应自然、保护自然，是全面建设社会主义现代化国家的内在要求。必须牢固树立绿水青山就是金山银山的理念，站在人与自然和谐共生的高度谋划发展。"

　　为了让更多人了解中国生态保护所做的努力，使生态保护、人与自然和谐共生的理念深入人心，国家林业和草原局宣传中心组织编写了"林业草原科普读本"，包括《中国国家公园》《中国草原》《中国自然保护地》《中国湿地》《中国国有林场》《中国林草应对气候变化》《中国经济林》等分册。

　　2021年10月，我国正式设立三江源、大熊猫、东北虎豹、海南热带雨林、武夷山首批5个国家公园。目前，首批5个国家公园各项工作稳步推进，特别是在生态保护方面，取得新进展。

东北虎豹国家公园坚持以东北虎豹保护为核心的生态功能定位，遵循东北虎豹生存繁衍规律，对东北虎豹野生种群及伞护的自然生态系统实行最严格的保护，以国有林区、国有林场改革和全面停止天然林商业性采伐为契机，以探索建立跨地区、跨部门统一管理体制机制为突破口，健全国家自然资源资产管理体制，坚定不移实施主体功能区制度，妥善安排原住居民的生产生活，实现人与自然和谐共生，为建立以国家公园为主体的自然保护地体系提供示范，为全球珍稀濒危野生动植物保护作出中国贡献，成为全球生态文明建设的重要参与者、贡献者、引领者。

建立东北虎豹国家公园，将有效保护和恢复东北虎豹野生种群，实现其在我国境内稳定繁衍生息；有效解决东北虎豹保护与人的发展之间的矛盾，实现人与自然和谐共生；有效推动生态保护和自然资源资产管理体制创新，实现统一、规范、高效管理。

《东北虎豹国家公园》主要从东北虎豹国家公园的建设意义、理念、规划、发展情况、自然资源、人文特色等方面介绍了东北虎豹国家公园的基本情况。希望本书能带领大家全方位、多角度了解东北虎豹国家公园。

编者

2023 年 5 月

▲ 四方山数谷

目 录 CONTENTS

第三章　带你走进东北虎豹国家公园

瑚布图河

第一章
带你认识东北虎豹国家公园

　　东北虎豹国家公园划定的园区是我国东北虎、东北豹种群数量最多、活动最频繁、最重要的定居和繁育区域，也是重要的野生动植物分布区和北半球温带区生物多样性最丰富的地区之一。

　　东北虎豹国家公园自 2017 年试点以来，通过对山水林田湖草整体保护，自然资源资产所有权和监管权有效行使，形成东北虎与东北豹稳定野生种群、顶级食肉动物完整食物链，努力将东北虎豹国家公园建成东北虎豹等野生生物栖息家园、中国生态文明建设名片、生态系统原真性保护样板、保护管理体制机制创新高地、野生动物跨区域合作保护典范、生态环境科研基地、生态体验和环境教育平台，向全世界展示生态系统平衡、生态功能稳定、人与自然和谐、地方特色浓郁的国家公园。

　　本章我们将带你去了解东北虎豹国家公园在哪里、为什么要设立东北虎豹国家公园、东北虎豹国家公园是如何建立的、如何科学管护东北虎豹国家公园。

01 东北虎豹国家公园在哪里

在我国吉林、黑龙江两省交界的老爷岭南部，有这样一片区域，它肩负着保护东北虎豹野生种群、恢复东北虎豹栖息地生态环境、实现生态保护与经济社会协调发展的重任，承担着人与自然和谐共生的使

◎雾中老爷岭

命，它就是东北虎豹国家公园。

　　东北虎豹国家公园东起吉林省珲春林业局青龙台林场，西至吉林省大兴沟林业局岭东林场，南至吉林省珲春林业局敬信林场，北到黑龙江省东京城林业局三道林场。园区总面积达 1.41 万平方千米，接近北京市的面积，其中吉林占 67.95%、黑龙江占32.05%。东北虎豹国家公园地处中俄朝三国交界处，

东北虎豹国家公园

东部与俄罗斯的"豹地"国家公园接壤，西部与朝鲜隔江相望，园区森林覆盖率高达 92.94%。在这片辽阔的区域内，东北虎豹国家公园共整合 19 个自然保护地（包括 11 个自然保护区、5 个国家森林公园、1 个国家湿地公园、1 个省级地质公园和 1 个国家级水产种质资源保护区），涉及面积 5542.4 平方千米，

◉ 中俄边境瑚布图河风光

占国家公园总面积的 39.40%。

2017 年 8 月 19 日，东北虎豹国家公园国有自然资源资产管理局（东北虎豹国家公园管理局）在长春挂牌成立。2021 年 9 月 30 日，国务院批复同意设立东北虎豹国家公园；10 月 12 日，东北虎豹国家公园被列入第一批国家公园名单。

02 为什么要设立东北虎豹国家公园

设立东北虎豹国家公园主要是从三个方面考虑：

一是从全面深入贯彻习近平生态文明思想角度考虑。牢固树立"绿水青山就是金山银山"理念，坚持山水林田湖草系统治理，坚持生态保护第一、国家代表性、全民公益性的国家公园理念，加强自然生态系统原真性、完整性保护，正确处理生态保护与居民生产生活的关系，维持人与自然和谐共生并永续发展，

🔺 东北虎（Â© David Lawson/WWF-UK）

❁ 东北虎豹国家公园内发现的东北虎足迹

推动东北虎、东北豹跨境保护合作，强化监督管理，完善政策支撑，为构建中国特色的以国家公园为主体的自然保护地体系、推进美丽中国建设作出贡献。

二是从森林恢复角度考虑。在东北，广袤的原始森林曾是"大猫"们一代代繁衍生息的故乡，近一个世纪以来，由于栖息地破碎化、猎物减少、盗猎等因素，东北虎、东北豹数量曾一度锐减，实际的家园面积也缩减了80%以上。因此东北虎豹国家公园建立的重要任务之一，便是恢复保护地内东北虎豹的森林栖息地。

三是从保护丰富的自然资源上考虑。野生植物资源方面，东北虎豹国家公园内的植被类型主要是温带

针阔叶混交林，分布有高等植物54科147属884种。其中国家一级重点保护野生植物1种，即东北红豆杉；国家二级重点保护野生植物7种，包括红松、黄檗、水曲柳等。野生动物资源方面，东北虎豹国家公园境内分布有野生脊椎动物397种，包括哺乳类6目18科59种，鸟类18目51科264种。其中国家一级重点保护野生动物15种，包括东北虎、东北豹、

▲ 梅花鹿

 东北虎

紫貂、原麝、梅花鹿、金雕、白头鹤、丹顶鹤等，国家二级重点保护野生动物43种，包括细鳞鲑、黑熊、猞猁、马鹿等。矿产资源方面，东北虎豹国家公园境内已探明的金属和非金属矿藏共90余种，主要有煤炭、油页岩、石灰石、黄金、花岗岩、大理石、玄武岩、铁、钨、钼等。

03　东北虎豹国家公园是如何建立的

　　习近平总书记在 2015 年至 2016 年对东北虎、东北豹保护作出了一系列重要指示批示，亲自谋划、部署并推动东北虎豹国家公园建设。党中央、国务院

⊙ 东北虎豹国家公园雪岱山秋色

高度重视东北虎、东北豹野生种群的保护。

2017年，东北虎豹国家公园国有自然资源资产管理局（东北虎豹国家公园管理局）在国家林业和草原局驻长春专员办挂牌，由国家林业和草原局直接领导，成为我国第一个中央直管国家公园管理机构。东北虎豹国家公园体制试点正式启动。

2018 年，吉林、黑龙江两省将园区涉及国土、水利、林业等 7 个部门的 42 项职责，划转移交东北虎豹国家公园管理局。通过管理体制的改革，东北虎豹国家公园试点实现了 1.41 万平方千米山岭的系统性、整体性、原真性保护。

2021 年 9 月 30 日，国务院批复《东北虎豹国家公园设立方案》。按照党中央、国务院相关精神要求，国家林业和草原局（国家公园管理局）会同吉

⬤ 东北虎豹国家公园 G331 公路两侧秋色怡人

林、黑龙江两省政府，在深入总结体制试点经验和成效的基础上，经过多次调查论证研究和充分征求意见，形成了《东北虎豹国家公园总体规划（2022—2030 年）》，作为东北虎、东北豹种群保护与生态系统修复的基础性、统领性规划，是东北虎豹国家公园建设管理的指导性文件。同年 10 月 12 日，我国正式设立三江源、大熊猫、东北虎豹、海南热带雨林、武夷山第一批 5 个国家公园。

04 如何科学管护东北虎豹国家公园

● 守护家园，保护东北虎豹种群及其栖息地

明知山有虎，偏向虎山行。在东北虎豹国家公园，有这样一群人，他们跋山涉水，风餐露宿，冒着被野兽袭击的危险，甚至在零下几十度的天气，顶着凛冽的寒风，踏过及膝的大雪巡山清套，寻找野生动物，维护红外相机。他们就是东北虎豹国家公园的巡护队员。他们曾经是普通的农民、志愿者、林场工人甚至是猎人，不仅有男人，还有女人，不仅有年轻人，还有一些年逾古稀的老人，他们的共同之处是都有一份守护野生动物、保护生态的决心。

作为旗舰物种的野生东北虎、东北豹，它们的存在是生态系统健康的标志。为了给它们提供一个良好而安全的环境，吸引它们回归，东北虎豹国家公园将自然资源管护作为一项核心任务。构建"管理局—管理分局—保护站—检查哨卡"网格化监管体系。在东北虎豹国家公园管理局下设延边、珲春、汪清、绥阳、牡丹江5个管理分局；各管理分局共设立68个

● 天桥岭林业局太阳林场野生动物保护网格管理分布图

保护站，保护站工作通过购买服务方式，委托现有国有森工企业等主体承担资源保护、巡护、监测、防灾减灾等具体工作。

东北虎豹国家公园依托既有管护队伍，与生态护林员体系相结合建立标准化野外巡护队伍，制定巡护计划，明确工作内容，规范巡护作业标准，开展管护巡护、清山清套工作。以不改变虎豹公园内各级道路原道路等级为原则，维修、维护、保养、巡护道路及

桥涵，完善巡护交通网络体系。除此之外，还构建了全局统一的 SMART 巡护管理数据库，建立林场—分局—管理局信息管理架构，实现数据库终端扁平化接入、巡护数据整体化分析。

巡护员们奋战在保护东北虎豹的第一线，他们用日复一日、年复一年的坚守与奉献为东北虎豹撑起了一片天。

● 科技领航，助力东北虎豹回家

在东北虎豹国家公园，通过一部手机，就能随时了解东北虎、东北豹等野生动物最近在哪片区域出现，随时随地掌握野生动物动向，监测其踪迹。这样强大的功能，得益于东北虎豹国家公园建设的"天地空"一体化监测系统。

东北虎豹国家公园所在区域多为崇山峻岭，地理位置偏远，交通基础设施薄弱。试点工作开始之前，有限的基础设施和技术条件给日常巡护及科研带来了极大的工作难度，耗费人力物力，效果也非常有限。2018 年 2 月，北京师范大学虎豹研究团队联合相关传媒单位以及国内数十家高新技术公司共同研发出了"天地空"一体化监测系统，该系统运用人工智能、云存储、物联网、大数据等现代科技，融合振动光纤、红外探测等主动防御技术手段，能够实时监测东北虎豹和其他野生动物以及人类活动，同时对国家公园内森林、矿产、气象、水文等进行实时监测，并把监测的数据实时传输至后台，再通过大数据分析，将结果反馈给科研人员以及国家公园管理者。此外，该系统能够实现对巡护员及时调度和管理，让科研人员和公园管理者的工作更加精准、高效。

如今，"天地空"一体化监测系统覆盖面积达 1.2 万平方千米，安装可实时传输的无线红外相机等野外监测终端 2 万余台，获得了超 800 万条视频数据，获得东北虎、东北豹影像超过 3 万次，是全球监测范

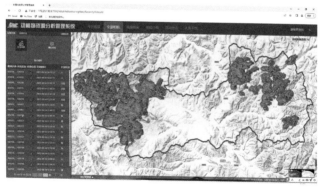

⚲ "天地空"一体化监测系统

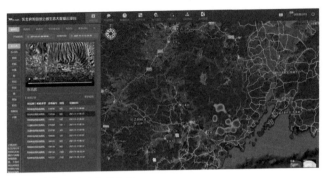

△"天地空"一体化监测系统

围最大、功能最全的自然保护地监测系统。在这套系统的帮助下，园区内日常巡护和管理效率显著提高。

"天地空"一体化监测系统的建设，探索出一条针对国家公园自然资源的信息化、智能化管理模式，为东北虎豹国家公园高质量发展提供了重要科技支撑，实现对东北虎、东北豹种群及其栖息地实时监测，持续推进中俄跨境保护合作，为东北虎、东北豹栖息地恢复和种群保护发挥了重要作用，展示了野生动物保护的中国方案。

● 产业升级，人与虎豹和谐共存

森林生态质量直接影响着虎豹生存数量。可能谁都想不到，最初虎豹归山的障碍之一竟是农民们散养的黄牛。

早在 2018 年，东北虎豹国家公园管理局就开始为黄牛下山集中养殖做准备。公园管理局出台的《黄牛圈养实施方案》要求，力争通过 5 年时间，将涉及东北虎豹国家公园吉林省区内现有散养的黄牛规模大幅度降下来。同时，鼓励舍饲圈养，加大畜牧业基础设施投入力度，规范管理措施，给予饲养户合理补偿

△ 黄牛圈养

🔺 蜜蜂养殖

等政策支持；倡导适度、适地、适时开展林下种养殖以及相关产品采集等经营活动。现如今，随着黄牛陆续下山，散养的黄牛数量越来越少了。

黄牛下山，是东北虎豹国家公园为早日实现虎豹归林，缓解人兽矛盾，促进人与虎豹和谐共存制定的十余项保障政策之一。

为修复生态，国家公园范围内全面停止经营性种植养殖业和采矿探矿的行政审批，制定矿业权退出方案，将矿业权划出国家公园，注销退出矿业权。同时，对于违法的活动点位，予以严格取缔，实施退耕还林。通过减少人为活动，有效地恢复了森林植被。

完善基础设施建设、促进乡村文明、改进村容村貌。通过一系列措施，乡村民生得到极大改善。同时，东北虎豹国家公园管理局还引入了野生动物损害保险机制，对野生动物造成的损害予以补偿，人兽矛盾得到进一步缓解。

转变提升原住居民生产经营方式，引导居民转型发展多元化产业，强化产业发展社会服务，鼓励地方创建国家林业碳汇试点，提供与国家公园品牌管理相一致的生态产品，实现生态保护、绿色转型和民生改善相统一。

制定优势产业扶持发展政策，设立产业发展转型专项资金，与地方国土"三区三线"、县域乡镇国土空间规划协调，优化虎豹公园产业发展格局，统筹规

🌱 木耳种植

划并预留生产生活空间，鼓励建设用地置换。积极创新经营管理体制，制定并严格执行产业准入负面清单。东北虎豹国家公园在建设过程中，尽全力保障民生工作，增加居民收入，改善居民生产生活条件。扶持社区居民和林场职工家属发展生态食用菌类、林果类、道地药材类等产业，开展黑木耳提质增效示范项目。鼓励东北虎豹国家公园周边地区大力发展就业容量大、附加值高的经济林木种植、林产品精

⬥ 桑黄种植

深加工、生物产业等专精特新产业，促进虎豹公园区域内居民转移就业增加收入。

在虎豹公园外选择合适的乡镇，由地方政府建设门户小镇并进行管理，展示民俗和民族特色，探索生态旅游、森林康养等多元产业，向外来访客提供入园线路指导、中转、休憩食宿等服务保障。

通过这些举措，让人们最大限度地享受国家公园建设发展带来的生态红利。现在，人们对国家公园建设的认同感不断增强，支持国家公园建设，认同"绿水青山就是金山银山"理念，对未来的生活也充满着期待。

● 传播"绿色"，别开生面的自然教育体验活动

生态保护，从娃娃抓起。试点以来，东北虎豹国家公园积极宣传和普及生态教育，利用"天地空"一体化综合监测成果，针对不同受众，设计自然教育和生态体验活动，形成了独特的自然研学品牌。同时，依托已有基础设施建设集野外观测、自然教育于一体的野外观测基地（站），结合保护研究中心、监测研究中心、长期定位研究站点和已有科普宣教设施，建设自然教育科普基地，并以珲春局、绥阳局、汪清局

为教育体验试点，让公众广泛参与和体验其中。

汪清局将吉林兰家大峡谷国家森林公园、汪清国家级自然保护区作为自然教育基地，把生态保护和生态功能价值作为主题，大力开展生态科普课堂，带领青少年走进森林，让孩子们不但能感受国家公园原生之美，还能体会生态保护的价值和意义。通过开展"亲和种子园自然教育""金岭沟扑火队森林消防科普教育""金岭沟千年古树自然教育""金岭沟苗圃基地劳动实践教育"等别开生面的自然教育活动，不断壮大研学实践和自然教育产业发展。除此之外，珲春

🔻 金沟岭林场风光

⬤ 东北虎豹国家公园内开展自然教育

局、珲春市局、绥阳局、东宁市局等也纷纷走进中小学校，设立自然课堂，开设自然教育课程，走进大自然，使广大中小学生接受生态文化滋养，提高生态文明意识，将"绿色"理念根植于心。

自然体验、自然研学、科普讲解……在东北虎豹国家公园，逐渐形成了保护生态环境、人与自然和谐发展的社会共识。

南方红豆杉（国家一级重点保护野生植物）

🔺 梅花鹿

第二章
带你探秘东北虎豹国家公园

　　读了第一章内容，相信各位读者朋友对东北虎豹国家公园已经有了初步的认识。那东北虎豹国家公园除了东北虎、东北豹，还有什么？在第二章的内容中，我们将走进东北虎豹国家公园，进一步了解园区内丰富的野生植物和多样的野生动物。

01 丰富的野生植物

东北虎豹国家公园的奇妙之处，在于保存着极为丰富的温带森林植物物种。

亚洲温带针阔叶混交林是长期演化所形成的，具

○ 珲春敬信湿地

有高度的稳定性和极为丰富的生物多样性。尤其在更新世冰期的影响下，中国东北温带针阔叶混交林成为大量物种的避难所，成为世界少有的"物种基因库"和"天然博物馆"。

　　东北虎豹国家公园处于亚洲温带针阔叶混交林生态系统的中心地带，区域内的自然景观壮丽而秀美。

老爷岭群峰竞秀，林海氤氲。高大的红松矗立林海，千年的东北红豆杉藏身林间。这里的四季是五彩的。每年积雪尚未消融，款冬、顶冰花等早春植物就已钻出地表。春风拂来，五颜六色的野花次第绽放，形成林下花海。夏季，绿涛阵阵，山涧潺潺。秋风送爽时节，国家公园内又是一场视觉的盛宴，万山层林尽

🔺 六峰山国家森林公园

染。冬季的林海雪原，一望千里，气势磅礴。

富饶的温带森林生态系统，养育和庇护着完整的野生植物群系。其中不乏一些珍稀濒危、列入国家重点保护野生植物名录的物种。比如被誉为植物"活化石"的东北红豆杉，是国家一级重点保护野生植物。另外，刺人参、对开蕨、山楂海棠、瓶尔小草、草苁蓉、平贝母、天麻、杓兰、红松等，也都在国家重点保护名录之列。更为神奇的是，在如此高纬度地区却存在着起源和分布于亚热带和热带的芸香科、木兰科植物，如黄檗、五味子等。在漫长的进化演变中，这些物种随着地球的变迁，最终在东北虎豹国家公园的崇山峻岭中幸存下来。

● 东北红豆杉：植物王国的"活化石"

东北红豆杉是国家一级重点保护野生植物，被称为植物王国的"大熊猫"和"活化石"，是我国乃至全球都濒临灭绝的珍贵树种，对帮助人类追溯地球生态环境的变迁有重要作用。

▽ 东北虎豹国家公园地下森林秋景

△ 暗针叶林中的苔藓植物

● 长白松：植物中的美人

长白松是松科松属的乔木植物。株高可达 20~30 米，胸径可达 25~40 厘米，树干通直平滑，基部稍粗糙，冬芽卵圆形，芽鳞红褐色。长白松分布于吉林长白山北坡，常生于海拔 800~1600 米的地区。

▲ 百年红松

35

02 多样的野生动物

　　东北虎豹国家公园保存了东北温带森林最为完整、最为典型的野生动物种群。据统计，园区内有野生脊椎动物约 37 目 96 科 397 种。其中，哺乳纲 6 目 18 科 59 种，鸟纲 18 目 51 科 264 种，爬行纲 3 目 4 科 16 种，两栖纲 2 目 6 科 14 种，鱼纲 8 目 17 科 44 种。已记录昆虫纲 14 目 118 科 425 种。其中，国家一级重点保护野生动物 15 种，包括东北虎、东北豹、梅花鹿、紫貂、原麝等；国家二级重点保护野生动物 43 种，包括黑熊、猞猁、马鹿、细鳞鲑等。

⌃ 野生东北虎

🦌 野生梅花鹿

　　近年监测显示，东北虎豹国家公园内有野生东北豹60只左右，主要分布区自东宁市南部向南延伸到中俄朝三国边界，向西延伸至汪清县的西南岔、杜荒子、大荒沟一带。

　　目前，在东北虎豹国家公园范围内有着中国境内极为罕见、由大型到中小型兽类构成的完整食物链。食肉动物群系包括大型的东北虎、东北豹、棕熊、黑熊，中型的猞猁、青鼬、欧亚水獭，小型的豹猫、紫貂、黄鼬、伶鼬等。食草动物群系包括大型的马鹿、梅花鹿，中型的野猪、西伯利亚狍、原麝、斑羚等。

东北虎豹国家公园

东北虎豹国家公园内茫茫的林海亦成为鸟类生存繁衍的天堂。每年春天，各种鸥类、鹆类、鹬类等林栖鸟类开始从南方返回，为当年的繁殖做准备。位于东北虎豹国家公园旁的图们江口湿地是国际重要鸟类迁徙停歇地之一，每年春去秋来，壮观的雁鸭类迁徙大军便在此停歇补充能量，然后沿着国家公园内南北走向的山脉继续迁徙。

东北虎豹国家公园肥沃的森林环境，也为棕黑锦蛇、红点锦蛇、白条锦蛇、虎斑游蛇、东亚腹链蛇、乌苏里蝮蛇、黑眉蝮等爬行动物提供了良好的生存环境。

▼ 白鹭

🔊 中华秋沙鸭

　　东北虎豹国家公园濒临日本海，在海洋性气候的影响下，这里环境湿润，水系发达。著名的跨国河流绥芬河发源于东北虎豹国家公园内，珲春河等图们江重要支流横穿园区，充沛的水源也为两栖动物提供了良好的生存基础。每年4月中下旬，中国林蛙、东方铃蟾、粗皮蛙、花背蟾蜍等开始从蛰伏中苏醒，来到静水洼或池塘产卵，产完卵后，成蛙开始进入山林。待蝌蚪孵化变态为成蛙后，也会进入山林生活。进入秋天，它们又开始纷纷从山林中走出，跳进河流、湿地蛰伏避冬。

　　发达的水系同样孕育了丰富的鱼类资源，比如大

马哈鱼、雅罗鱼、哲罗鱼。值得一提的是，在虎豹公园的山涧溪流中，生长着一种中小型冷水稀有鱼类——花羔红点鲑，这是世界上最著名的5种鲑鱼之一，目前仅在图们江、绥芬河、鸭绿江流域上游水流湍急、清澈的区域发现。

● 山大王东北虎、二大王东北豹

东北虎和东北豹是我国珍稀濒危动物，分别被世界自然保护联盟（IUCN）红色名录列为濒危（EN）和极危（CR）物种，是生物多样性保护的旗舰物种和温带森林生态系统健康的重要标志。

◭ 东北虎

殊不知,如今难觅踪迹的东北虎豹,其足迹曾遍布我国东北林区,呈现"众山皆有虎"的盛况。但20世纪后,由于人口大量增长、过量采伐和毁林造田,导致森林面积减少,野生动物生存空间受到严重压缩。加之人为的捕杀活动,导致东北虎豹数量大幅度下降。在1998年至1999年的一次中俄美三国专家联合调查中,判断当时中国境内仅存东北虎12~16只、东北豹7~12只。

从20世纪末开始,我国逐步停止了森林砍伐,实施了天然林资源保护工程,并成立自然保护区。吉林、黑龙江两省20世纪90年代中期实施全面禁猎,东北虎豹栖息地生态环境终于得以改善,野生种群也在慢慢恢复。2005年,在生态学家葛剑平教授的带领下,组建了北京师范大学虎豹研究团队,他们在原国家林业局、吉林省林业厅、黑龙江森工总局的支持下,开展了长达10年的定位监测,建立了中国野生虎豹观测网络,并捕捉到了一些激动人心的画面。

⬆ 2021 年珲春片区拍摄到两只幼虎

　　2007 年，红外相机在吉林珲春拍到了第一张中国境内自然状态下的东北虎照片。2010 年，被世界自然保护联盟归为"极危"物种的东北豹在中国境内首次现身。2013 年，一只完全进入中国境内定居的东北虎妈妈带着 4 只虎宝宝在镜头面前信步而过……

　　另外，有科研团队通过对近 10 年的红外相机监测数据估算后判断：2012—2014 年，中国境内的东北虎已达 27 只，东北豹 42 只。除此之外，他们还发现，中国境内东北虎豹活动区域基本局限在吉林珲春和与之接壤的俄罗斯滨海边疆区西南部的边境内。到了 2015 年,这片狭窄的区域内野生东北虎达 38 只,东北豹达 91 只,已超出资源承载力 3 倍。

成立东北虎豹国家公园,从一定意义上说,确保了中俄边境孤立的东北虎、东北豹小种群向我国扩散通道的畅通与安全,增强了栖息地空间连通性。同时在一定程度上庇护了东北虎、东北豹繁殖种群稳定发展,维持生态系统原真性、完整性,实现重要自然资源国家所有、全民共享、世代传承,为野生东北虎、东北豹种群发展和壮大奠定了良好基础,对推动珍稀濒危物种跨境保护合作具有重要意义。

● 紫貂:林海精灵

紫貂在中国东北的分布面积曾经很大,因其毛皮珍贵被列为东北的特产。经过历代大量猎捕,我国境内的野生紫貂资源急剧减少。根据 1990 年科研工作者调查,我国境内的野生紫貂仅存 1000 只左右。东北虎豹国家公园内少有分布。

我国的野生紫貂种群已经濒临灭绝,对紫貂种群的数量、遗传结构等方面的研究受到了限制,加上紫貂属夜行性动物,在野外拍摄到一张紫貂照片非

🔾 紫貂

常难。我国已经把紫貂列为国家一级重点保护野生动物。

● 鸟中国宝：东方白鹳

东方白鹳是国家一级重点保护野生动物，是我国东北地区和俄罗斯东南部原产的一种鸟类。它常在水边或草地与沼泽地上觅食，繁殖期在有稀疏树木或小块丛林的开阔草原和农田沼泽地带活动。主要以鱼类和一些动物性食物为主，也吃少量植物性食物。

在东北虎豹国家公园内，东方白鹳经常出现在珲春敬信湿地和老龙口水库周围的沼泽地上，也有摄影爱好者在汪清嘎呀河湿地拍到过。

🦢 东方白鹳

第三章
带你走进东北虎豹国家公园

　　东北虎豹国家公园不但与国有林场和国有林区改革、民生改善紧密结合，实现共建共赢，也在不断完善生态产品价值，力争成为东北虎、东北豹跨境保护合作典范。

　　无论是充满魅力的自然景观，还是具有教育意义的研学线路，抑或是科研、推广的基地，东北虎豹国家公园在短短两年的发展中，多维度深化、转化生态价值，使人与自然在更高层次、更宽领域和谐共生。

　　下面，让我们一起来体会东北虎豹国家公园的美丽风光吧。

01 魅力溪谷

　　大荒沟魅力溪谷位于东北虎豹国家公园珲春片区英安镇大荒沟，距延吉市约 140 千米，这里风光旖旎，溪水潺潺，山高林密，沟壑纵横，森林覆盖率达 98.7%，是一个天然的"森林氧吧"。

　　魅力溪谷是"北方第一溪"，这里处处都是原生态自然风光，犹如"世外桃源"。有诗曰："婉转逶迤

▽ 珲春大荒沟魅力溪谷

幽径开，美矣桃源游人来。满目绿树堆碧玉，悦耳啁啾鸟和拍。一弯龙溪笼梦幻，湍湍吊水溢青苔。"

景区内古色古香的木栈道和石板路曲径通幽，行走在原始森林，沐浴着绿海松涛，尽情吮吸着富含负氧离子的清新空气，感受大自然的馈赠。

徜徉在魅力溪谷景区，可见山谷中古木参天，小溪从密林深处奔流而下跌宕起伏，山谷中的岩石激起浪花撑起水瀑，满眼都是生机活力。景区内一棵伟岸巍峨的"红豆杉王"被当地百姓奉为"故土守护神树"，它距今已有2400多年了，是中国战国时期的古树。

▷ 珲春大荒沟魅力溪谷

▲ 魅力 溪谷

02 汪清兰家大峡谷野外观测站

　　汪清兰家大峡谷位于东北虎豹国家公园汪清县区域东部，长白山脉老爷岭北麓，以原始、古朴、自然、神奇闻名，东北虎豹国家公园设立之前为吉林汪清兰家大峡谷国家森林公园，东北虎豹国家公园设立后被规划为兰家大峡谷野外观测站。

　　兰家大峡谷内最具特色的风景资源有峡谷景观、针阔叶混交林景观。民间素有"南观长白圣水、北探兰家秘境"之说法。"春赏金达莱、夏聆溪水潺、秋赏满山红、冬观白雪皑"是公园一年四季景观的真实写照。

🔻 汪清兰家大峡谷

兰家大峡谷由金岭松涛景区、五棵松景区和大石河景区三部分组成，总面积10972公顷。区域内最低海拔400米，最高海拔1200米。

位于大石河景区的兰家大峡谷全长4千米，平均深度80米，宽50米，呈"V"字形。该峡谷为典型的花岗岩地貌，切割度不大，山势浑圆，平均海拔500米。兰家大峡谷是由断裂构造作用和流水侵蚀切割形成的，加之多年的寒冻风化，峡谷中的花岗岩在岁月的风雨剥蚀中，形成了一块块浑圆硕大的河石，加上错落有致的石阶和湍急的溪水，构成了多姿多彩、雄浑壮丽的自然景观。河谷中水量十分充

泾薷兰家大峡谷

沛，水流清澈，河中常鱼虾成群。因谷底的花岗岩节理丰富，地表水与地下水沿节理活动频繁，形成了九个紧紧相连的小瀑布——九叠瀑，瀑流喧豗，奇石堆

▼ 汪清兰家大峡谷

垒，令人叹为观止。同时在花岗岩节理密集区，因重力崩塌显著，还形成了多处 3~5 米的瀑底深潭，潭水甘冽，清可见底。峡谷两侧以针阔叶混交林和阔叶

林为主，面积达 1142.6 公顷，其中针阔叶混交林面积 741 公顷，阔叶林面积 401.6 公顷，植被以红松、白桦、五角枫、蒙古栎、榆树、胡桃楸、水曲柳等为主，在阳坡土壤水分和养分条件较好的环境中生长着蒙古栎纯林，阴坡则分布着杂木林。峡谷内松涛阵阵、碧水悠悠、疏影横斜，树中有水，水中有树，交相辉映，让人不禁赞叹大自然的神奇造化。沿九叠瀑向上，有面积 18 公顷的原始林，林中大径级的红松等构成主林层，下有中小径级的针叶和阔叶树木组成的次生林层，林下还有幼苗聚成的更新层及草本植物，林中还常可见到高大的枯立木及倒木，原始景观保持完好。

东北虎豹国家公园体制试点以来，汪清局坚持生态保护第一、国家代表性、全民公益性的国家公园理念，将兰家大峡谷国家森林公园由营利性项目调整为公益性项目，由旅游开发转为自然教育。重点开展兰家野外观测站建设，将原有的 33 处林场职工宿舍改造为自然教育研学营地，同时还新建了自然教育解说牌。

　　新建自然教育野外观测站 1 处，作为监测体验点，可在这里参观"天地空"一体化监测系统，监测、观察野生动物。

◎ 汪清兰家大峡谷

03　金沟岭林场生态文明教育基地

金沟岭林场隶属于汪清林业局，始建于1959年，位于吉林省汪清县境内东部山区，属于长白山系老爷岭山脉，海拔500~1100米，总面积为16286公顷，其中有林地面积为16136.74公顷，森林覆盖率为98%。为探索科学的森林经营模式，实现越采越多、越采越好的目标，从20世纪80年代开始，汪清林业局在金沟岭林场探索实施采育林模式，即按照自然演替的规律、通过人工促进天然更新，在阔叶林里人工种植大苗红松，加速森林演替进程，形成复层异龄的针阔叶混交林。

通过40多年的建设，如今金沟岭林场已经培育出采育林12866公顷，占汪清林业局采育林总面积的1/5。这种采育林，针阔叶混交，异龄复层，生长迅速，抗病能力强，林内生物多样性丰富，平均郁闭度0.7以上，平均每公顷蓄积量180立方米左右，是东北虎豹国家公园内温带针阔叶混交林的典型代表，是天然林正向演替的顶极群落类型，也是东北虎豹和有蹄类动物理想的栖息地，是东北虎豹国家公园

🔅 金沟岭林场百万亩采育林

开展栖息地修复和改造的理想样本。

　　金沟岭林场野生动植物资源丰富，林场内分布有野生动物 624 种，野生植物 244 种，是比较完整的森林生态系统。林场内主要以红松树种为主，平均树龄达到百年以上，树木参天，原始古朴。林场内还分布有千年紫杉王景区，其中一棵古老的紫杉（东北红

▲ 亲和种子园

豆杉）树龄已达 2000 多年，树干粗壮，枝繁叶茂，结实量大，抬头望去，红色果实如一颗颗"红豆"，引人驻足观赏，由于其树龄大，历史悠久，当地都尊称它为"树王"，每逢进山采摘、入山作业时，人们便带来酒肉到树前祭拜，祈求平安顺利。

金沟岭林场于 2010 年被评为吉林省生态文明教育基地，是开展科考研学、暑期游园、生态科普、亲子活动、手工课堂、树种认知、花卉识别等形式的自然教育的理想场所。林场将独有的生态底蕴、木帮文化、生产活动与爱国主义教育、红色教育、劳动教育深度融合，开展生态教育、森林消防科普教育、自然教育、劳动实践教育等活动，通过实地讲解、互动体验、情景模拟、劳动实践等形式，深入开展以自然教育为主的研学社会实践活动，弘扬生态文明理念，提升公众生态道德和环境保护意识，让公众在体验国家公园带来的生态红利的同时，增强对自然的了解和认识，从而自觉热爱自然，保护自然。

⚬ 树龄 2400 多年的紫杉王

04 野生动物救护繁育基地

　　野生动物救护繁育基地位于汪清林业局金苍林场，2015 年 6 月建成，总占地面积为 1905 亩，基地内的自然条件较好，有自然水源，夏秋季可维持

粗饲料供给，春季和冬季，进行人工补充粗饲料，并增加精饲料。目前，基地已累计引入繁育纯种梅花鹿100头。

该基地是东北虎豹国家公园内唯一一个半野化的梅花鹿繁殖种源基地，通过野化训练，恢复梅花鹿在野生条件下的采食和繁殖能力后将其放归到东北虎豹栖息地，在短时间内提高野外梅花鹿种群的扩散和繁殖能力，进而形成野外能够长期生存的野生梅花鹿种群，满足东北虎豹对猎物的需求，促进东北虎豹定居、繁衍。与此同时，依托基地的良好条件开展了生态体验活动，让人们体验到与野生动物近距离接触的快乐并学习相关的保护知识，对公园开展生态教育、维护生物多样性发挥了积极作用。

◎ 梅花鹿

05 秃老婆顶子山

　　秃老婆顶子山位于东北虎豹国家公园天桥岭分局辖区内，海拔1037米，属长白山系老爷岭山脉，是汪清县第二高峰。山顶因冰川作用，遍布碎石，树木

矮小而稀少。由于海拔高、气温低，秃老婆顶子山形成了独特的高山小气候，与长白山的区域小气候极其相似。每年的9月中旬就会出现"五花山"，10月中下旬就会迎来降雪。因此这里成为赏秋韵、品雪凇、观日出、探怪石、拍晨雾的绝好去处。

据说此山起名于清末，因山顶有一旋，很像人头

◎ 秃老婆顶秋色

秃老婆顶秋色

顶上的发旋，且山顶阳坡无树，是乱石一片，酷似秃头的山岭，因此被人称为"秃老婆顶子"。山下是森林的海洋，原为针叶林带，现已转化为针阔叶混交林。主要树种为红松、鱼鳞松、臭松、杉松、白桦、

秃老婆顶夏季风光

杨树、枫树、椴树等，是一处自然生态系统较为完整的植物群落带。特别是半山腰处的密林下，遍布厚厚的苔藓植物，还分布着特有物种高山鼠兔，是开展科学考察和生物多样性研究的天然大课堂。

06 地下森林景观

　　地下森林景观位于东北虎豹国家公园珲春分局境内，是东北虎豹国家公园典型的森林生态系统景观，因位于沟谷中，G331 国道接近黑龙江边界时，人员和车辆基本处在老爷岭山脉的最高处，向下俯瞰时整片森林仿佛在地下生长，因此被称为"地下森林"。

　　地下森林是原始的温带针阔叶混交林，生态系统

🔻地下森林之夏

完整，自然环境原始而原真。夏季俯瞰，林海氤氲，郁郁葱葱；秋季远眺，五花山谷，色彩斑斓。若是站在老爷岭的最高处，登上瞭望塔，整个老爷岭尽收眼底，东北虎豹等野生动物的生存环境一览无余，是开展东北虎豹栖息地保护修复教学，温带森林生态系统实验教学和生态观光、生态摄影的理想场所。

此地还是东北虎豹由中俄边境狭长地带向中国内陆迁徙的生态廊道，是东北虎豹国家公园规划建设的三个生态廊道地点之一。

07 汪清嘎呀河湿地

　　汪清嘎呀河湿地位于吉林省延边朝鲜族自治州汪清县天桥岭林业局北部的八人沟林场境内，总面积1161.0公顷，湿地率44.7%，涵盖永久性河流、森

林沼泽、灌丛沼泽、草本沼泽、沼泽化草甸、水产养殖场、库塘和稻田 8 个湿地型。

湿地主体属图们江水系，其中嘎呀河是湿地内主要河流，起源于汪清北侧草帽子顶山附近，流域面积为 6242 平方千米，与海兰江汇合流入图们江，属图们江一级支流，流长 108.7 千米。

♀嘎呀河湿地

湿地内植物区系组成比较复杂，野生植物资源十分丰富。据初步调查统计，湿地内分布有野生植物共计308种，包括湿地藓类植物4科4属12种，湿地维管束植物60科149属296种。维管束植物中，蕨类植物6科8属13种，种子植物54科141属283种。

🔻 嘎呀河湿地

　　湿地内野生动物资源丰富，分布有脊椎动物 206 种，占吉林省已知脊椎动物种类总数的 35.2%，隶属于 5 纲 30 目 71 科。在 206 种野生脊椎动物中，共有国家重点保护野生动物 26 种，其中：国家一级重点保护野生动物 3 种，即金雕、秃鹫和紫貂。国家二级重点保护野生动物 23 种，包括鸟类 19 种，分别是白

额雁、鸳鸯、黑鸢、白头鹞、鹊鹞、日本松雀鹰、雀鹰、苍鹰、普通鵟、大鵟、红隼、红脚隼、花尾榛鸡、领角鸮、红角鸮、雕鸮、长尾林鸮、长耳鸮和短耳鸮；哺乳类3种，即黑熊、水獭和马鹿；另有国家重点保护水生动物1种，即细鳞鲑。

嘎呀河湿地以其优美的自然景观、丰富的生物多

样性以及深厚的文化底蕴，成为生态教学、科普研究和生态旅游的理想场所。人们不仅在这里感受自然之美、生态之美，也可以在"地球之肺"里尽情呼吸负氧离子，学习湿地保护知识，参与湿地保护行动。

◎ 嘎呀河湿地

◐ 远眺四方山

08 大兴沟四方山

　　大兴沟四方山是东北虎豹国家公园的西南入口社区，距汪清县城约 40 千米，距延吉高铁站及延吉机场约 100 千米，距牡丹江约 175 千米，图们至牡丹江铁路、延吉至牡丹江 G333 公路穿境而过。

社区辐射多个著名景点，其中主景区四方山有"千年部落百年县"之称，历史上的北沃沮、高句丽、靺鞨、契丹、蒙古、女真等民族都曾在这里繁衍生息。从旧石器时代、新石器时代、青铜器时代、铁器时代、渤海国时期及辽金、元、明、清时期到近现代文化遗存十分丰富，是图们江左岸文化和北中国文化的发祥地。四方山周围还有将军峰、地下森林、火山岩崖壁、大峡谷、瀑布群、天坑石、松林、石人等

几十处天然生态景观，景色各异，特色鲜明，神奇神秘，古朴而原始。

四方山地区还是著名的爱国主义教育基地，有小汪清抗日游击根据地遗址、大兴沟战斗遗址、金相和烈士陵园等。

❤ 四方山

　　入口社区建成后，将同步建设虎豹小镇、红罗山寨、虎豹森林乐园、火山岩壁栈道、万象石林、国家公园森林步道、观景平台、森林氧吧、森林野奢度假村等生态体验项目，是未来东北虎豹国家公园开展自然教育、生态旅游和森林康养的理想场所。

09 国家林草局东北虎豹监测与研究中心

　　2018 年 2 月，国家林草局在北京师范大学挂牌成立国家林草局东北虎豹监测与研究中心，并在延边大学珲春分院设立研究基地。基地的主要任务是在东北虎豹国家公园开展栖息地状况研究，生物多样性监测和温带森林生态系统演替研究等。基地成立以来，北京师范大学虎豹研究团队联合吉视传媒等国内数十家高新技术公司，研发了东北虎豹国家公园"天地

🔽 东北虎豹国家公园湿地风光

空"一体化监测体系。综合运用现代有线无线融合数据传输网、卫星遥感与无人机、野生动物视频与生态要素自动采集、振动光纤与人工智能识别、大数据挖掘与云计算等现代信息技术手段，构建"天地空"一体化的生态物联网监测网络，实时获取虎豹等生物多样性信息，实现了生物多样性保护从传统人海战术和点线守护跨越到全天候、全区域、精准有效保护。形成了"看得见虎豹、管得住人、建好国家公园"的全新"互联网＋生态"的国家公园自然资源信息化、智能化管理模式。

10 绥阳分局科普宣教中心

 东北虎豹国家公园管理局绥阳分局科普宣教中心总面积455平方米，由标本馆、宣教馆和报告厅组成，其中标本馆面积165平方米，宣教馆面积145平方米，报告厅面积145平方米。标本馆建于2017

◎ 绥阳分局科普宣教中心

🔥 绥阳分局科普宣教中心

年 3 月，馆内共设 13 个展区，共展出具有代表性的野生动植物及矿产资源等标本 630 种；宣教馆和报告厅于 2018 年 4 月建成，共设 12 个展区。

　　该科普宣教中心是绥阳林区青少年生态文明教育基地，是东北虎豹国家公园绥阳分局对外宣传的窗口。科普宣教中心建成以来共接待各类调研、参观学习 2198 人次，其中，中小学生 650 人次。

11 汪清磨盘山科普宣教中心

  汪清磨盘山科普宣教中心位于汪清县东光乡磨盘山村。该项目于 2019 年 12 月 31 日经国家林业和

草原局批复建设，主要建设内容为：一是社区共建体系。新建偷盗猎警示中心 1060 平方米，配套建设场地硬化 4200 平方米、人行步道 2000 平方米、污水处理站 1 座、宣教长廊 120 米，建设院区给排水、供配电、消防、绿化等附属工程及设施设备。二是自然

◎ 汪清县磨盘山

资源监测体系。安装红外相机太阳能发电板 1360 块、微环境生态因子传感器 780 台、人兽冲突防范振动光纤系统 1 套，购置 700 兆智能巡护管理终端 1 套。

该项目作为东北虎豹国家公园入口社区建设项

目，由国家和地方政府共同建设，地方政府负责后续管理。目前反盗猎警示教育中心已经落成，将开展生物多样性展示和偷猎盗猎的警示教育，是东北虎豹国家公园开展生态教育和科普宣传的重要场所。

● 东北虎豹国家公园反盗猎警示教育中心

12 六峰山国家森林公园

"六峰山"因六座山峰似携手相连而得名，六峰山国家森林公园于 2003 年建立，位于长白山脉北端、老爷岭东坡，行政区归属黑龙江省牡丹江市穆棱

▼ 公园内的广茂森林

94

镇。公园东跨穆棱林业局共和经营所，南与龙爪沟东北红豆杉自然保护区相连，西与东京城林业局交界，西南与吉林省汪清林业局接壤，北与泉眼河林场和狮子桥林场毗邻。南北长 32.0 千米，东西宽 24.5 千米，公园总面积 34640 公顷。

六峰山国家森林公园地处鸡西市、牡丹江市和绥

▲ 六峰山风光

芬河口岸的"金三角"地带，位于哈牡绥东对俄经济带上，在东北亚圈东出符拉迪沃斯托克的重要通道上，区位条件优越，是黑龙江省东南部的重点旅游区。

　　六峰山国家森林公园分三个旅游区：穆棱干线

公路风光区、共和乡民俗风情区、六峰湖自然生态
旅游区。

　　六峰山国家森林公园境内主要河流为穆棱河，发
源于黑龙江与吉林省交界的和平林场窝集岭腹部，全

六峰湖秋色

🔺 六峰湖湿地风光

长635千米，系乌苏里江的最大支流，在穆棱市流
域长201千米，河流经穆棱、鸡西、鸡东、密山、
虎林等五个市县，在虎头镇注入乌苏里江。静卧在六
峰山脚下的六峰湖水库，集水面积为445平方千米，

湖面面积8.8平方千米，总库容1.25亿立方米。水中有鲫鱼、鲤鱼、鲢鱼等10余种鱼类，是夏季垂钓、嬉水的好去处，同时也是冬季开展冰雪游乐的绝佳场所。

六峰山国家森林公园位于老爷岭向东分支的穆棱

窝集岭，"窝集"为女真族语"大森林"之意，森林无垠，多为针叶林，故享有"红松故乡"之称，现保留着原始红松母树林 639.5 公顷，并有大量被称为植物"大熊猫"和植物"活化石"的野生东北红豆杉分布其中。六峰山国家森林公园山高林密，土壤肥沃，适合各种类野生动物繁衍生息，野生动物资源十分丰富。近年来，随着国家天然林资源保护工程的实施和森林公园生态保护力度的加大，尤其是东北虎豹国家公园建立后，适合野生动物生长的生态环境正在得到逐步修复与改善，东北虎、东北豹、原麝、梅花鹿、金雕、白鹳、棕熊、紫貂、水獭、马鹿等经常出没，凸显了园区森林资源生物多样性极其丰富。

六峰山、六峰湖、龟山、牛郎织女山、梨树沟、天然红松母树林、云冷杉观赏林、东北红豆杉繁育基地等坐落在森林公园内，群山层峦叠嶂，气势磅礴，诸山峰形态各异，雄伟壮观，湖光山色交相辉映，景色优美，似人间仙境，令人心旷神怡。

植物"活化石"——千年红豆杉

13 暖泉河林场

　　暖泉河林场位于绥阳分局东南部，于1968年建场，施业区总面积为16140公顷，有林地面积为15558公顷，森林覆盖率达96.63%。林场东与俄罗斯搭界、南与吉林省汪清县毗邻、西与绥阳分局施业区三节砬子林场接壤、北与东宁市朝阳沟林场相连，位于东北虎豹国家公园核心地带，有25.64千米的国

▼ 暖泉河管护站

● 观音岭之夏

境线，206 省道在林场施业区贯穿通过，施业区内有观音岭、枫情谷、羊砬子山、吊水湖等风景区。

观音岭位于暖泉河林场施业区东北部 15 千米，瑚布图河左岸 10 林班上腹，崇山峻岭、蜿蜒曲折、峭壁横生，因岭上建有"观音堂"，命名曰观音岭。"观音堂"修建于咸丰三年（1853 年），目前"观音堂"是东宁市、绥芬河市、绥阳林业局有限公司地区现有文字记载最早的庙堂建筑，"观音堂"在中日战争时被毁坏，现留有石匾"观音堂"一块，建修人赞助者题名碑《东宁市观音岭观音堂建修人等题名》碑

◐ 瑚布图河

文，为阳刻楷书，方形石条大小 400 余块，均匀散落方圆四周 30~40 米不等。

枫情谷位于暖泉河林场施业区西北部 28 林班中上腹，秋分寒露之后枫情谷五彩斑斓，原生态森林的叶子都褪去了绿意换上了新颜，槭树林、白桦林、红松林，红白黄相映，装点出亮丽多姿的林场秋色风光画卷。从林场安全门一直延伸到林场下草坪，山水绵延 10 余千米的金秋山林景色具有独特的风韵，勤劳热情的暖泉河人和外来游客在金秋林中采集林副产品，展现出一幅幅生机盎然的自然纯朴画面。

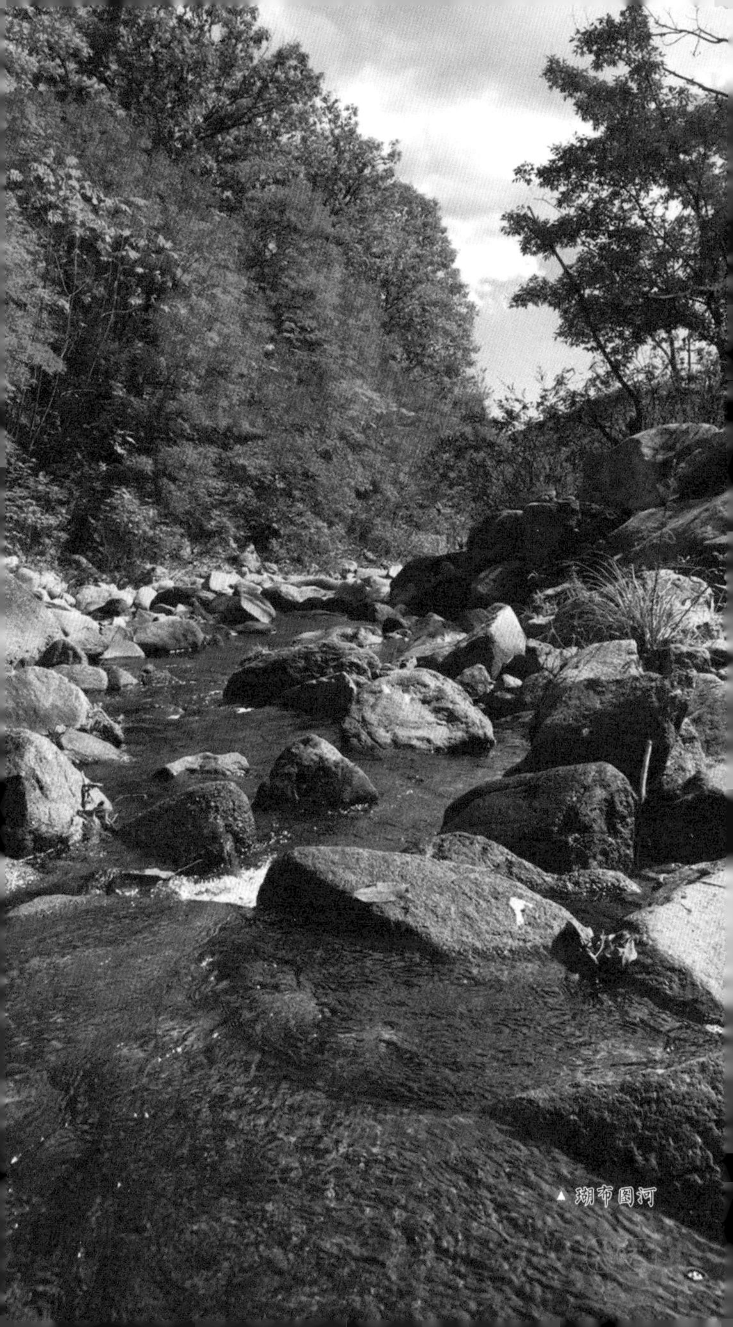

▲ 瑚布图河

❀ 羊砬子山

　　瑚布图河位于暖泉河林场国境线，"瑚布图河"
是满语，译成汉文大意是流淌的沙金河。在唐代渤
海国时期，当地人们就发现这是一条能给他们带来
财富的小河，于是他们沿着河床一直来到发源地开
始了狩猎、挖参、淘金。瑚布图河有三条源头，在
围山子东北流入绥芬河，全长114千米，流域面积
1732平方千米。

　　羊砬子山位于林场三岔河、暖泉河两河流汇合点
上游，陡峭石壁，山峰林立，雄伟壮观，羊砬子山南

侧是一片开垦地，北侧而下又有两大片开垦地，很早以前有黄羊栖息，故曰羊砬子山。

　　暖泉河林场现有居民 117 户 252 人，林场落实管护责任区 53 个林班，明确责任，按章管护，切实提高了森林管护效果，森林资源得到了有效的保护和培育，森林资源管护经营事业得到了全面健康发展。多种经营产业及林下产业得到大力发展，绿色种植及地栽食用菌基地已具规模，呈现出社会安稳和谐的可喜发展局面。

拍　　摄：（按姓氏笔画排序）

　　　　　王　宏　王兴林　史　晔　付明千

　　　　　安启会　吴林锡　谷宝臣　陈天宇

　　　　　陈华鑫　陈晓才

图片提供：东北虎豹国家公园管理局

　　　　　珲春林业局

　　　　　汪清林业局

　　　　　绥阳林业局

　　　　　天桥岭林业局

　　　　　穆棱林业局

　　　　　大兴沟林业局

　　　　　东宁市林业和草原局

　　　　　世界自然基金会（WWF）